BEI GRIN MACHT SICH IHR
WISSEN BEZAHLT

- Wir veröffentlichen Ihre Hausarbeit,
  Bachelor- und Masterarbeit

- Ihr eigenes eBook und Buch -
  weltweit in allen wichtigen Shops

- Verdienen Sie an jedem Verkauf

Jetzt bei www.GRIN.com hochladen
und kostenlos publizieren

Bibliografische Information der Deutschen Nationalbibliothek:

Die Deutsche Bibliothek verzeichnet diese Publikation in der Deutschen National-
bibliografie; detaillierte bibliografische Daten sind im Internet über http://dnb.d-
nb.de/ abrufbar.

Impressum:

Copyright © 2015 GRIN Verlag, Open Publishing GmbH
Druck und Bindung: Books on Demand GmbH, Norderstedt Germany
ISBN: 978-3-668-17657-7

Dieses Buch bei GRIN:

http://www.grin.com/de/e-book/318062/gewichte-wir-lernen-unterschiedliche-
waagen-kennen-mathematik-3-klasse

Christa Lenz

Gewichte: Wir lernen unterschiedliche Waagen kennen (Mathematik, 3. Klasse)

GRIN Verlag

GRIN - Your knowledge has value

Der GRIN Verlag publiziert seit 1998 wissenschaftliche Arbeiten von Studenten, Hochschullehrern und anderen Akademikern als eBook und gedrucktes Buch. Die Verlagswebsite www.grin.com ist die ideale Plattform zur Veröffentlichung von Hausarbeiten, Abschlussarbeiten, wissenschaftlichen Aufsätzen, Dissertationen und Fachbüchern.

Besuchen Sie uns im Internet:

http://www.grin.com/

http://www.facebook.com/grincom

http://www.twitter.com/grin_com

Zentrum für schulpraktische Lehrerausbildung Kleve

Seminar Grundschule

Schriftliche Unterrichtsplanung zum 4. Unterrichtsbesuch

im Fach Mathematik

Thema der Unterrichtsreihe

„Wir werden Experten für Gewichte!" -
Die SuS[1] schätzen, wiegen, vergleichen und rechnen mit Gewichten. Sie entwickeln
Größenvorstellungen, lernen Relationen, Repräsentanten sowie Fachbegriffe kennen und entdecken
verschiedene Messinstrumente.

Thema der Unterrichtsstunde

„Wir lernen unterschiedliche Waagen kennen" -
Die SuS untersuchen in Gruppenarbeit unterschiedliche Messinstrumente und sollen ihre
Entdeckungen mit dem bereits erworbenen Wortspeicher verschriftlichen.

Klasse: 3

---

[1] Im Folgenden wird die Abkürzung SuS für Schüler und Schülerinnen verwendet.

❖ Einbettung der Stunde in die Unterrichtsreihe

Zentrale Absichten der Unterrichtsreihe

Die SuS entwickeln erste realistische Größenvorstellungen zu den Gewichtseinheiten Gramm und Kilogramm, indem sie handlungsorientiert Erfahrungen in den Bereichen Vergleichen, Schätzen und Wiegen von Objekten sammeln sowie das Rechnen mit Gewichtseinheiten üben.

Stunde	Thema	Zentrale Absicht
1.	Was wissen wir schon über „Gewichte"? - Die SuS bearbeiten in Einzelarbeit Aufgaben zum Größenbereich der Gewichte. Im anschließenden Interview tauschen sich die SuS über ihr Vorwissen aus und gemeinsam werden Fragen zum Thema Gewichte gesammelt und für den weiteren Verlauf der Unterrichtsreihe festgehalten. 09.03.2015	Die Standortbestimmung zum Thema Gewichte soll einen ersten Überblick über die individuellen Lernvoraussetzungen der SuS geben.
2.	Was ist schwerer? - Die SuS ordnen verschiedene Gegenstände nach ihrem Gewicht, indem sie diese zunächst optisch einschätzen, dann mit der Hand wiegen und schließlich ihre Vermutungen mit Hilfe einer Kleiderbügelwaage überprüfen. 10.03.2015	Die SuS sollen ihre Kenntnis über Gewichtsrelationen vertiefen und verbalisieren (leichter als, schwerer als, gleich schwer), eine Vorstellung von der Masse verschiedener Gegenstände erhalten und die Notwendigkeit objektiver Messinstrumente erkennen.
3.	Wie schwer sind die Gegenstände? - Die SuS lernen die Balkenwaage kennen und entwickeln einen Wortspeicher. Sie finden in Partnerarbeit durch das Wiegen der Gegenstände Repräsentanten für die unterschiedlichen Gewichtsgrößen. Sie lernen die Einheiten g und kg kennen. 11.03.2015	Die SuS sollen die Funktionsweise einer Balkenwaage kennenlernen sowie die Bedeutung standardisierter Maßeinheiten erkennen. Anhand der gewogenen Gegenstände können erste Stützpunktvorstellungen zum Größenbereich Masse entwickelt werden.
4.	**Wir lernen unterschiedliche Waagen kennen** **-** **Die SuS untersuchen in Gruppenarbeit unterschiedliche Messinstrumente und sollen ihre Entdeckungen mit dem bereits erworbenen Wortspeicher verschriftlichen.** 12.03.2015	**Die SuS lernen die Funktionalität und Einsatzmöglichkeiten unterschiedlicher Waagen kennen, indem sie sich aktiv mit den Waagen auseinandersetzen und unterschiedliche Gegenstände auswiegen.**
5.	Wir wiegen unsere Schultasche - Die SuS wiegen den Inhalt ihrer Schultasche mit einer Waage ihrer Wahl und stellen fest, ob sie das Idealgewicht überschreitet.	Die SuS vertiefen die Einheit g und kg und lernen das Umrechnen von Maßeinheiten kennen.
6./ 7.	Wir rechnen mit Gewichten - Die SuS rechnen mit Gewichten, indem sie Gewichtszahlen ergänzen oder problemhaltige Sachaufgaben lösen.	Die SuS sollen Rechenoperationen mit den Maßeinheiten durchführen und das gewonnene Wissen zum Thema „Gewichte" in Sachgeschichten umsetzen.
8.	Was wissen wir jetzt über Gewichte? - Die SuS bearbeiten erneut die Aufgaben der Standortabfrage und schreiben ihre Lernfortschritte im Lerntagebuch auf.	Die SuS sollen ihre aufgebauten und veränderten Konzepte festigen und sich über ihren eigenen Lernzuwachs bewusst werden.

❖ Zentrale Absicht der Stunde und Lernchancen

Meine Absicht:

Ich gebe den SuS die Chance, die Funktionalität und Einsatzmöglichkeiten unterschiedlicher Waagen kennen zu lernen, indem sie sich aktiv mit den Waagen auseinandersetzen und unterschiedliche Gegenstände auswiegen.

Im Sinne meiner formulierten Absicht eröffne ich folgende Lernchancen:

Auf der Ebene der Sacherfahrungen
Die SuS haben die Chance,
- grundlegende Waagentypen und ihre Funktionsweise sowie Verwendung zu erkunden.
- zunehmend systematisch die Grenzen der Waage auszuprobieren (Minimal- und Maximalgewicht).
- Größenvorstellungen zu entwickeln.
- die Einheiten g und kg zu vertiefen.
- ihre Erfahrungen im Umgang mit Skalen zu erweitern.
- die jeweiligen Messgeräte zu bewerten.
- ihre Fachsprache zu trainieren.
- ihre Ergebnisse zu präsentieren und darzustellen.

Auf der Ebene der Individualerfahrungen
Jede/r SchülerIn hat die Chance,
- das Vorwissen über die einzelnen Messinstrumente und Größenvorstellungen mit einzubringen.
- sich mit Hilfe des „Wortspeichers" in mathematischer Fachsprache auszudrücken.
- nach seinem/ ihrem individuellem Lernniveau zu arbeiten und zu entdecken.

Auf der Ebene der Sozialerfahrungen
Die SuS haben die Chance,
- aus Ideen und Erfahrungen anderer Kinder zu lernen.
- eigene Erfahrungen und Ideen in der Gruppe bzw. Klassengemeinschaft zu kommunizieren.
- in der Gruppenarbeit ihre Kooperationsfähigkeiten zu schulen.
- Ihren Mitschülern/-innen Hilfestellung zu geben oder diese anzunehmen.

❖ Sachinformationen zur Stunde

Mit einer Waage wird das Gewicht oder die Masse eines Gegenstandes ermittelt. Die Masse ist eine ortsunabhängige Materieeigenschaft, die durch die Einheit Kilogramm bestimmt wird. Demnach ist das Gewicht, im physikalischen Sinne die Kraft, die die Erdanziehungskraft auf einen Gegenstand ausübt. Diese wird in Newton angegeben. Die physikalische Definition findet jedoch im Alltag keine

Verwendung und somit werde ich in der vorliegenden Unterrichtseinheit für die 3. Klasse die umgangssprachliche Bezeichnung „Gewicht" verwenden.[2]

Auf der Waage lässt sich das Gewicht auf den Messskalen (Waagenanzeige) in Abhängigkeit der Schwerkraft in Maßeinheiten, wie Milligramm (mg), Gramm (g), Kilogramm (kg) und Tonne (t) darstellen. Heute benutzen viele Länder das metrische oder das SI-System mit der Gewichtseinheit Kilogramm.[3]

In der heutigen Stunde sollen die SuS folgende unterschiedliche Waagentypen, zusätzlich der schon bekannten Balkenwaage, kennenlernen:

- analoge Personenwaage
- digitale Personenwaage
- analoge Küchenwaage
- digitale Küchenwaage
- Tafelwaage
- analoge Briefwaage
- analoge Federwaage

Bei der einfachsten Form der Federwaage wird das Wägeobjekt an eine Schraubenfeder gehängt und die Verlängerung an der entsprechenden Skala abgelesen. Mechanische Waagen ermitteln die Gewichtskraft entweder durch die Gewichtskraftmessung (z.B. Federwaage) oder durch einen Vergleich der Massen (z.B. Tafelwaage, Balkenwaage). Auf dem Mond würden diese Waagen zum selben Messergebnis führen. Elektronische Waagen ermitteln das Gewicht über eine Verformung bzw. Wegmessung, die ein integrierter Dehnungsmessstreifen überträgt, sie bestimmen die Masse also über die ortsabhängige Gewichtskraft. Mechanische Geräte sind heute weitgehend durch elektronische Waagen ersetzt, da sie robuster, genauer, schneller ablesbar und häufig preiswerter sind.[4]

❖ Fachdidaktische Analyse

Die SuS können im Umgang mit Größen die Anwendbarkeit von Mathematik in ihrem alltäglichen Leben erfahren. Kaum ein anderer mathematischer Inhaltsbereich hat so konkrete Verknüpfungen zur Lebenswelt. Kinder beobachten ihre Eltern schon früh bei Messvorgängen, wie zum Beispiel das Abwiegen von Mehl mit der Küchenwaage oder das Abwiegen von Obst und Gemüse beim Einkaufen.[5]

Jedoch führt eine unterschiedliche Alltagswirklichkeit von SuS zu sehr unterschiedlichen Vorerfahrungen und an diese individuellen Vorstellungen gilt es im Mathematikunterricht anzuknüpfen[6]. Die Klasse 3c hat zum größten Teil noch keine Vorkenntnisse zu Gewichtsbegriffen und Maßeinheiten dieses Größenbereichs. Eine entsprechende Größenvorstellung ist ebenfalls noch nicht vorhanden, sowie die Erfahrung im Umgang mit unterschiedlichen Messgeräten (s. Anhang: Auswertung - Standortabfrage).

---

[2] vgl. Fritzlar: 2013, S. 5
[3] vgl. ebd., S.5
[4] Vgl. ebd., S. 8
[5] vgl. Peter-Koop/ Nührenbörger: 2012, S. 94
[6] vgl. Raddatz/ Schipper: 1983, S.125

In der dritten Klasse wird der Größenbereich der Gewichte neu eingeführt, da erst dann der Zahlenraum bis 1000 erfasst wurde. Der Aufbau der Reihe orientiert sich an der neunschrittigen didaktischen Stufenfolge[7]. Die SuS sollen zunächst durch Schätzen, Vergleichen und Ordnen von Gewichten eigene Erfahrungen im Größenbereich machen und ihre Gewichtskonzepte weiterentwickeln (Irrglaube: „Je größer ein Gegenstand, desto schwerer.")[8]. Anschließend finden die SuS Repräsentanten von standardisierten Einheiten und entwickeln somit wichtige Stützpunktvorstellungen. Im weiteren Verlauf lernen sie unterschiedliche Messinstrumente kennen, rechnen zum Abschluss der Reihe mit Gewichten und lösen problemhaltige Sachaufgaben.[9] Die didaktische Stufenfolge stellt jedoch nur einen groben Orientierungsrahmen zur Erarbeitung eines Größenbereichs dar. Diese sollten eng miteinander verknüpft und parallelisiert werden, sowie das individuelle Vorwissen der Kinder berücksichtigen[10]. Der Umgang und die Einsatzmöglichkeiten grundlegender Messgeräte und -techniken sowie die korrekte Benutzung und Interpretation von Skalen sind wichtige Ziele des Mathematikunterrichts[11]. Insgesamt sollte der Unterricht so gestaltet sein, dass er einen aktiven Zugang zum Größenbereich „Gewichte" ermöglicht und einen Lebensweltbezug herstellt. Somit untersuchen die SuS unterschiedliche Waagentypen, die ihnen auch im Alltag begegnen können. Dadurch werden die SuS dazu befähigt, tragfähige Größenvorstellungen zu nutzen und mit ihnen Sachprobleme aus der Lebenswirklichkeit zu lösen.[12]

Im Lehrplan wird unter dem Punkt *Aufgaben und Ziele* „das entdeckende Lernen", „der Einsatz ergiebiger Aufgaben" und die „Anwendungs- und Strukturorientierung" angeführt. Durch den experimentellen Umgang mit den Messinstrumenten können die SuS Entdeckungen machen. Dabei hantieren sie mit dem Messinstrument, das bedeutet mit dem konkreten Material (enaktive Ebene), verschriftlichen ihre Beobachtungen (ikonische Ebene) und halten ihre Messergebnisse fest (symbolische Ebene).[13] Durch die aktive Auseinandersetzung mit den Messinstrumenten werden die Anwendungsorientierung und die Strukturorientierung angesprochen. Nach den fachdidaktischen Prinzipien eines wünschenswerten Mathematikunterrichts bietet die Lernaufgabe eine „natürliche Differenzierung" und „Orientierung am Vorwissen". Die offene Aufgabenstellung „Ich untersuche die Waage und achte dabei auf…" lässt unterschiedliche Arbeitsweisen und Lösungen zu und kann somit von allen Kindern bearbeitet werden.

Durch die Lernaufgabe sollen folgende *prozessbezogene Kompetenzen* vertieft werden:

prozessbezogene Kompetenzen	Didaktische Begründung Die Schülerinnen und Schüler…
Problemlösen/ kreativ sein	- entnehmen der Aufgabenstellung die für die Lösung relevanten Informationen (erschließen). - probieren zunehmend systematisch und zielorientiert aus (lösen). - überprüfen durch das Wiegen der Gegenstände ihre Ergebnisse auf Angemessenheit. Sie finden und korrigieren Fehler (überprüfen).

---

[7] vgl. ebd. S.125
[8] vgl. Fritzlar: 2013, S. 8
[9] vgl. Raddatz/ Schipper: 1983, S.125
[10] vgl. Nührenbörger: 2013, S. 13
[11] vgl. Fritzlar: 2013, S. 6
[12] vgl. Lehrplan: 2008, S. 58
[13] vgl. Lehrplan: 2008, S. 55

Argumentieren	- stellen Vermutungen über ihr Messinstrument auf (vermuten). - testen ihre Vermutungen durch das Hantieren mit dem Messinstrument und durch das Wiegen der unterschiedlichen Gegenstände (überprüfen). - erklären und begründen ihre Ergebnisse anhand ihres Messinstrumentes und der gewogenen Gegenstände.
Darstellen/ Kommunizieren	- halten ihre Arbeitsergebnisse und Entdeckungen fest (dokumentieren). - kommunizieren mit ihren Mitschülern über ihre Entdeckungen (kommunizieren). - verwenden bei der Darstellung ihrer Entdeckungen die geeigneten Fachbegriffe (Fachsprache verwenden).

Diese Stunde ist im Lehrplan dem *Inhaltsbezogenen Bereich* „Größen und Messen" zuzuordnen. Die SuS sollen eine Größenvorstellung mit Hilfe der Messinstrumente entwickeln. Zudem hantieren sie mit Messinstrumenten aus ihrer Lebenswirklichkeit. Sie vertiefen und entdecken die Grundeinheiten des Größenbereiches. [14]

❖ **Analyse der Lernaufgabe**

Diese Stunde soll zum Entdecken, Fragen, Vermuten und Erkunden anregen. Ziel der Lernaufgabe ist es, dass die SUS die Funktionalität (Wie wiege ich?) und Einsatzmöglichkeiten (Was wiege ich?) unterschiedlicher Waagen kennenlernen, indem sie die Messgeräte genau untersuchen sowie ihre Grenzen und Besonderheiten entdecken. Hierbei setzen sich die SuS auch mit der korrekten Benutzung und Interpretation unterschiedlicher Waagenanzeigen (analog mit Skala und digital) auseinander und bewerten diese für die unterschiedliche Nutzung. Die Beobachtungen und Ergebnisse der SuS werden auf einem Plakat visualisiert. Durch einen Museumsgang mit Forscherfragen wird sichergestellt, dass die SuS sich einen Überblick über alle Lernplakate verschaffen können. In der anschließenden Reflexion werden die Forscherfragen erneut aufgegriffen und diskutiert, dabei entscheiden die SuS, durch die selbstständige Auswahl der Frage, den Schwerpunkt der Reflexion.

Im Folgenden wird die Lernaufgabe anhand der Anforderungsbereiche analysiert:[15]

A1 (Reproduzieren): Aus ihren Alltagserfahrungen sind den SuS die verschiedenen Messgeräte und der Umgang mit ihnen unterschiedlich gut bekannt. Die SuS nutzen für die Darstellung ihrer Beobachtungen ein Lernplakat, welches wir in der vorherigen Stunde gemeinsam am Beispiel der Balkenwaage erarbeitet haben (vertraute Darstellungsform). Zudem stellen die SuS Vermutungen über ihr Messgerät auf.

A2 (Zusammenhänge herstellen): Die SuS sollen ihr Messgerät genau untersuchen (Technik, Waagenanzeige/ Skalierung, Einheit) und Vermutungen zum Umgang bzw. Einsatzmöglichkeiten ihrer Waage überprüfen, indem sie unterschiedlichen Gegenstände wiegen und sich mit dem Messinstrument aktiv auseinandersetzen.

---

[14] vgl. Lehrplan: 2008, S. 60-66
[15] vgl. Seminar-Handout (angelehnt an Blum, u. a.: 2006)

A3 (komplexe Tätigkeiten): Die SuS haben die Möglichkeit, eigene Strategien zum Überprüfen der Waage hinsichtlich ihrer Eigenschaften zu entwickeln sowie die Waagenanzeige richtig zu interpretieren. Sie erklären und begründen ihre Ergebnisse anhand des Messinstrumentes und der gewogenen Gegenstände.

❖ **Besondere Informationen zur Lerngruppe**

Das Leistungsniveau der Klasse 3c ist heterogen.

Vier Kinder mit besonderem Förderbedarf erfahren derzeit Unterstützung von einer Sonderpädagogin, die sie im Fach Mathematik auf ihrem Niveau, durch geeignetes Material entsprechend fördert.

Bei **Morgaine** wurde ein Förderbedarf im Bereich Lernen festgestellt. Bei **Alicia** und **Sophia** ist eine Dyskalkulie vorhanden und sie arbeiten ebenfalls an differenziertem Anschauungsmaterial im Mathematikunterricht im Zahlenraum bis 100 mit. Sie zeigen meist ein motiviertes Arbeitsverhalten und die handlungsorientierte Lernaufgabe in Gruppenarbeit kommt ihnen entgegen, um Ängste abzubauen und neue Entdeckungen zu machen.

Bei **Thalia** wird zurzeit der Antrag auf ein AOSF-Verfahren gestellt und ein sozial-emotionaler Förderschwerpunkt vermutet. Dies äußert sich durch ihr negatives Selbstbild und einer niedrigen Frustrationstoleranz in der Schule. Ihr fällt es sehr schwer, sich auf Lernaufgaben im Allgemeinen einzulassen und verliert leicht die Motivation. Bei handlungsorientierten Lernaufgaben, kann sie ihre Kompetenzen am besten abrufen.

Bei **Philip** wird ebenfalls ein sozial-emotionaler Förderbedarf angedacht. Er kann den Lerninhalten in Mathematik problemlos folgen, jedoch ist sein Arbeitsverhalten in letzter Zeit sehr wechselhaft und unzuverlässig. Ihm fällt es schwer mit Kritik umzugehen und reagiert im ersten Moment, wenn ihm etwas nicht passt, gereizt oder aggressiv.

Schaffen sie es, sich auf die Lernaufgabe einzulassen, traue ich Thalia und Philip eine aktive Teilnahme an der Gruppenarbeit sowie das Kommunizieren ihrer Erfahrungen im Kreisgespräch zu. Schaffen sie es nicht, gebe ich ihnen die Möglichkeit, wie verabredet, an gesonderten Aufgaben sich alleine zu beschäftigen.

In der betreffenden Stunde werden diese Kinder von der Sonderpädagogin Monika Stegemann in der Arbeitsphase mit begleitet und unterstützt.

Erhebung der Lernvoraussetzungen für die konkrete Stunde

LERNANFORDERUNG	AKTUELLER LERNSTAND	HANDLUNGSKONSEQUENZEN
	in Bezug auf die Sache	
Die SuS können die unterschiedlichen Waagentypen benennen.	Aus ihren Alltagserfahrungen sind ihnen die verschiedenen Waagentypen unterschiedlich gut bekannt (s. Anhang: Standortbestimmung).	Die SuS haben einen Wortspeicher zu den ihnen bereits bekannten Waagen entwickelt. In einem gemeinsamen Gesprächskreis werden wir den unterschiedlichen Messinstrumenten Namensschilder zuordnen. So können die SuS ihre mathematische Fachsprache weiter trainieren.
Die SuS kennen die Einheiten g und kg. Sie haben bereits Größenvorstellungen entwickelt und können das Gewicht von Gegenständen abschätzen.	Die SuS können auf ihre bereits gemachten Erfahrungen innerhalb der Unterrichtsreihe zurück greifen (Tabelle Repräsentanten). Insbesondere xxx haben schon eine angemessene Größenvorstellung und können beispielhafte Vergleichsgrößen benennen sowie richtig einschätzen. Vor allem xxx haben bisher noch keine festen Stützpunktvorstellungen entwickelt.	Das Wissen über Größenvorstellungen könnte ihnen beim Wiegen der Gegenstände helfen. Daher haben die SuS die Möglichkeit, unsere gesammelten und an der Tafel visualisierten Vergleichsgrößen als Unterstützung zu nutzen. Durch das Vermuten und Überprüfen an der Waage werden die individuellen Größenvorstellungen weiter ausgebaut.
Die SuS können an den Messgeräten eine Skala ablesen.	Die SuS können bereits mit einer Messskala im Bereich „Längen" umgehen und haben selbstständig eine Skala zum Thema „Diagramme" erstellt. Dennoch arbeiten sie zum ersten Mal mit einer Waagenanzeige und können Unsicherheiten beim Ablesen äußern. Vor allem die Kinder mit besonderem Förderbedarf, sowie xxx werden Schwierigkeiten haben beim Interpretieren der Messskalen.	Ich habe die Gruppen und Waagen so aufgeteilt, dass die SuS sich gegenseitig unterstützen können. Sollten manche Gruppen dennoch Schwierigkeiten haben, die Skala richtig zu deuten, werde ich durch gezielte Impulse weiterhelfen.

6

		in Bezug auf Methoden und Medien	
Lernbereichsübergreifende Arbeitsmethoden	- Lernplakate	Die Anfertigung von Lernplakaten ist der Schülergruppe noch neu und wird derzeit ebenfalls im Fach Sachunterricht thematisiert, so haben die SuS zuvor die wichtigsten Kriterien für ein Lernplakat erarbeitet und visualisiert. Das Auftreten von Unsicherheiten und Schwierigkeiten in der Gestaltung der Plakate ist möglich.	Zur Unterstützung und aus Zeitgründen werde ich die Plakate für die SuS vorstrukturieren und ihnen damit die Gliederung der Plakate vorgeben.
	- Museumsgang	Der Museumsgang ist ebenfalls eine neu eingeführte Methode und kann zunächst noch Unklarheiten oder Aufruhe auslösen.	Falls es zu Unruhe oder Unsicherheiten kommt, werde ich erneut gemeinsam die Aufgabe besprechen und für die Einhaltung der Regeln sorgen.
		in Bezug auf Basiskompetenzen	
soziale Kompetenz	- Gruppenarbeit	Die Lerngruppe arbeitet oft in kooperativen Arbeitsformen und halten sich dabei an wichtige Regeln. xxxmöchten oftmals nicht mit dem vorgegebenen Partner zusammenarbeiten. In der letzten Stunde hat sich xxx der Gruppenarbeit ganz verweigert.	Die Gruppenarbeit wird unterstützt und strukturiert durch verschiedene Rollen der Kinder – den Zeitwächter, den Materialmanager und den Schreiber. In der vorliegenden Stunde werde ich erneut die Zusammenarbeit in der Gruppe ansprechen und auf wichtige Regeln hinweisen. Verweigert sich xxx erneut der Gruppenarbeit, wird er die Lernaufgabe mit Hilfe eines Arbeitsblattes in Einzelarbeit lösen.
	- Kommunikationsfähigkeit in Reflexionsphasen	xxx und xxx und arbeiten immer sehr interessiert in gemeinsamen Gesprächsrunden mit, können die Lerninhalte gedanklich durchdringen und ihre Vorstellungen versprachlichen. xxx durchdringen die Sachverhalte ebenso sicher, beteiligen sich jedoch unregelmäßiger an Gesprächen. xxx folgen den Gesprächsphasen z.T. desinteressiert und beteiligen sich nur selten.	Ich gehe davon aus, dass die erst genannten Kinder das Gespräch tragen werden, indem sie ihre aufgebauten Konzepte und Vorstellungen äußern. Durch den motivierenden Stundeninhalt, versuche ich auch die weniger leistungsfreudigen Kinder für die Sache zu gewinnen. Durch einen visualisierten Wortspeicher, versuche ich möglichst vielen Kindern eine Versprachlichung ihrer Vorstellungen zu ermöglichen.
personale Kompetenz	- Arbeits- und Leistungsverhalten	xxx hat Probleme, sich auf Lernaufgaben im Allgemeinen einzulassen. Sie neigt dazu bei komplizierten Aufgaben schnell aufzugeben und sich mit etwas anderem zu beschäftigen oder andere Mitschüler abzulenken. xxx haben ein sehr langsames Arbeitstempo.	Durch den handlungsorientierte Anreiz werden sie motiviert die Lernaufgabe lösen zu wollen. Sollte es dennoch dazu kommen, dass xxx sich überfordert fühlt, wird sie durch die Gruppenarbeit unterstützt.

❖ Darstellung des Unterrichtsverlaufes

Methodische Entscheidungen	Begründung
Die SuS stellen den Stundenverlauf inhaltlich und methodisch vor. (im Kinokreis)	Ziel- und Verlaufstransparenz der Stunde werden gegeben.
Die SuS lesen das Stundenthema vor. (im Kinokreis)	Die Klärung des Stundenthemas bereitet die SuS auf die Lernaufgabe vor. (erweiterte Zieltransparenz)
Anknüpfung an die vorangegangene Stunde. (im Kinokreis)	Die SuS wiederholen mündlich die erarbeiteten Eigenschaften der „Tafelwaage" mit Unterstützung des Lernplakates, um diese Aspekte in der heutigen Stunde wieder aufgreifen zu können.
Einstieg: stummer Impuls - Gestaltete Mitte durch unterschiedliche Waagen	Die SuS reagieren auf die unterschiedlichen Waagentypen und benennen diese.
Die Lernaufgabe wird im Plenum geklärt – der Arbeitsauftrag wird vorgelesen und auf die Arbeitsmaterialien sowie auf die Regeln in der Gruppenarbeit hingewiesen. (im Kinokreis)	Die gemeinsame Klärung der Lernaufgabe und der visuell unterstützte Arbeitsauftrag ermöglicht den SuS Arbeitstransparenz (unabhängig ihres Leistungsstandes im schriftsprachlichen und sozialen Bereich) – Rückfragen und Unsicherheiten können geklärt werden.
Die SuS untersuchen unterschiedliche Waagentypen und notieren ihre Beobachtungen auf einem Plakat. (Gruppenarbeit) evtl. Zusatzaufgabe	Die SuS haben die Möglichkeit sich handlungsaktiv in 3er-Gruppen mit einem Messgerät auseinanderzusetzen und durch die eigenständige Gestaltung eines Plakats die wesentlichen Eigenschaften der jeweiligen Waage zusammenzufassen und zu visualisieren. Die Gruppenarbeit ermöglicht den SuS den Austausch verschiedener Vorstellungen und Konzepte zur Nutzung des jeweiligen Messgeräts und schult die Kinder in ihren kooperativen Fähigkeiten. Frühzeitig fertige Gruppen können sich mit einer Zusatzaufgabe vertiefend mit dem Lerninhalt auseinandersetzen.
Museumsgang mit Forscherrätsel	Die SuS informieren sich durch gezielte Rätselfragen über die anderen Waagen anhand der Lernplakate.
Der Sitzkreis wird erneut geordnet aufgebaut.	Der Sitzkreis ermöglicht den SuS eine hohe Aufmerksamkeit gelöst von Arbeitsmaterialien und ein Gespräch miteinander, durch den gegenseitigen Blickkontakt.
Ausblick auf die kommende Stunde.	Den SuS soll eine Verlaufstransparenz deutlich werden, um in der nächsten Unterrichtsstunde an dieser anknüpfen zu können.

❖ Lernkomponenten

Initiation	Orientierung

Einstieg: stummer Impuls
 	
   o Gestaltete Mitte durch unterschiedliche Waagentypen
   o Unsortierte Namensschilder der einzelnen Waagen
 	
Vorwissen bzw. Vermutungen sammeln:
 	
   o „Kann man Obst auch auf einer Personenwaage wiegen?"
   o „Kannst du mit einer Briefwaage nur Briefe wiegen?" usw.
	• Anknüpfung an die vorangegangenen Stunden
	• Ziel-, Zeit-, Verlaufstransparenz
	• Besprechung der Lernaufgabe
	• Wortspeicherplakat
	• Materialtheke
	• vorstrukturiertes Plakat
	• Arbeitsblatt
	• vorgegebene Gruppenarbeit mir Rollen
	• akustisches Signal zum Phasenwechsel

Integration
Die SuS haben die Möglichkeit ihre bereits gemachten Erfahrungen mit der Kleiderbügel- bzw. Tafelwaage bei der Aufgabe zu nutzen und ihre Größenvorstellungen mit einzubinden. Zudem hilft ihnen ihre Erfahrung mit den Einheiten g und kg.

Transformation	Reflexion/Präsentation
Die SuS untersuchen in Gruppenarbeit unterschiedliche Waagentypen und notieren ihre Beobachtungen auf einem Plakat.	- Die SuS informieren sich im Museumsgang durch gezielte Rätselfragen über die anderen Waagen und vergleichen diese untereinander. - Im Sitzkreis werden die Rätselfragen im gemeinsamen Gespräch diskutiert und reflektiert.

❖ Quellennachweis

Bruner, J.: Der Prozeß der Erziehung. Berlin 1973: Berlin Verlag.

Fritzlar, T.: Massenhaft Gewichte-Der Größenbereich „Gewichte" im Mathematikunterricht der Grundschule. In: Praxis Grundschule 5-2013. Braunschweig: Westermann Schroedel. S. 4-7.

Fritzlar, T.: Stolpersteine. In: Praxis Grundschule 5-2013. Braunschweig: Westermann Schroedel. S. 8

LüthJe, T.; Ullrich, L.: Wie viele Büroklammern wiegen so viel wie ein Lineal? In: Praxis Grundschule 5-2013. Braunschweig: Westermann Schroedel. S. 10-12

Ministerium für Schule und Weiterbildung des Landes Nordrhein- Westfalen: Lehrplan Mathematik für die Grundschulen des Landes Nordrhein- Westfalen. Düsseldorf 2008

Nührenbörger, M.: Größen und Messen. In: Grundschule. Essen 2-2013: Spectra-Verlag. S. 13-14

Raddatz, H.; Schipper, W.: Handbuch für den Mathematikunterricht an Grundschulen. Hannover 1983: Schroedel Schulbuchverlag. S. 125

Walther, G.; van den Heuvel-Panhuizen, M.; Granzer, D. & Köller, O.: Bildungsstandards für die Grundschule: Mathematik Konkret. Berlin 2012 (6. Auflage): Cornelsen Verlag.

Auswertung – Standortbestimmung

Name	Kann Körpergewicht richtig angeben	Kennt Gewichts-begriffe und Maßeinheiten	Kann Schul-gegenstände richtig schätzen	Kann Gegenstände nach ihrem Gewicht zuordnen	Kann versch. Messgeräte benennen und beschreiben	Kann Gewichte mit einem Repräsen-tanten vergleichen	Kann Gewichtsangaben als Kommazahl darstellen und ergänzen

Fragenplakat – „Was wir noch lernen wollen?"

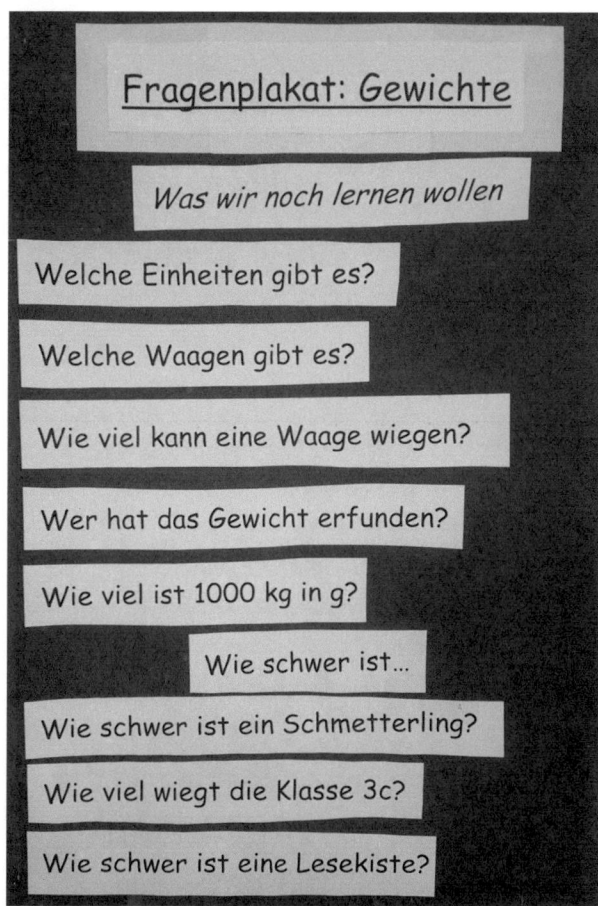